私享样板生活
To Enjoy Your Show Flat

意法风格
精品文化 编

Italian and French Style

华中科技大学出版社
http://www.hustp.com

图书在版编目(CIP)数据

私享样板生活. 意法风格/精品文化编. —武汉：华中科技大学出版社，2013.5
ISBN 978-7-5609-8736-1

Ⅰ. ①私⋯ Ⅱ. ①精⋯ Ⅲ. ①住宅—室内装饰设计—图集 Ⅳ. ①TU241-64

中国版本图书馆CIP数据核字(2013)第040694号

私享样板生活 意法风格 精品文化 编

出版发行：华中科技大学出版社（中国·武汉）

地　　址：武汉市武昌珞喻路1037号（邮编：430074）

出 版 人：阮海洪

责任编辑：曾　晟　　　　　　　　　　　　　　责任监印：秦　英

责任校对：赵爱华　　　　　　　　　　　　　　装帧设计：李红靖

印　　刷：北京佳信达欣艺术印刷有限公司

开　　本：889 mm×1194 mm　1/32

印　　张：6

字　　数：96千字

版　　次：2013年5月第1版第1次印刷

定　　价：39.80元（USD 8.99）

意法风格

　　法国是一个注重生活品质的国度，其时装、香水、烹饪举世闻名，作为法国式生活艺术中的一部分的法式家居自然也不例外，它传承了法国人特有的气质——完美与感性。家居包括建筑和家具，法式风格独有的精致与清新越来越受人追捧。

　　法式建筑既有打破混凝土方盒带来的凝重和沉闷感的，以清新、亮丽、现代为基调而形成的轻盈、活泼的建筑形态，也有追求造型雄伟，整体洋溢着新古典主义的建筑形态。两种建筑形态各具特色，展示出法式建筑的多重魅力——外形丰富而独特，形体厚重，贵族气息在建筑的冷静克制中优雅地散发出来。

　　法式家具在色彩上以素净、单纯与质朴见长。爱浪漫的法国人偏爱明亮色系，以米黄、白、原色为最多。所以，有人称法式家具为"感性家具"。最重要的是，法国的古王朝家具在发展中保持并发扬其民族传统和特征，以精湛的做工、古典优雅的风格而深受世界各国人民的喜爱。

　　意式风格以古罗马中世纪建筑风格为代表，因其采用了券、拱等式样而得名，主要特征为厚实的墙壁、窄小的窗口、半圆形的拱顶、逐层挑出的门框装饰和高大的塔楼，以及大量使用的砖石材料。罗马式建筑以教堂为主，外表轮廓分明，给人以庄严、肃穆、神圣的感觉。

　　巴洛克风格兴起于17世纪的意大利建筑，在巴洛克建筑里，充满了壁画、雕塑，并且壁画的构图是躁动不安、扭曲的，贴金描银、色彩艳丽的，艺术家更热衷于那些凌乱的、富有戏剧性的装饰。

　　生活中有很多被形容成"范本""榜样"的事物以"样板"一词来标榜，因此顶级设计师也是设计界的样板。本书精选的43个项目也都是样板设计师近一年的最新设计作品，诸多的设计创意丰富地阐述了意法风格的特点。样板生活，生活中的样板，你也可以拥有！

006 ╲ **成都水榭山 法式情怀** 潘旭强、刘均如

012 ╲ **深圳龙岗坪山新区大东城二期样板房** J&D 设计事务所 潘冬东

016 ╲ **维多利亚——远雄埃菲尔样板房** 雅典设计工程有限公司 黄庭芝、张佩榕

020 ╲ **中悦维也纳** 雅典设计工程有限公司 黄庭芝、张佩榕

024 ╲ **宁波镇海维科法式样板房** 大勺国际设计中心 /MoGA 空间装饰设计 陈雯婧、王华

026 ╲ **无锡九龙仓法式新古典** 乐尚设计

032 ╲ **济南中海 TH250 户型别墅**
PINKI（品伊）创意集团 & 美国 IARI 刘卫军设计师事务所 刘卫军

038 ╲ **义乌金色海岸 3 号楼** 黄志达设计顾问（香港）有限公司 黄志达

042 ╲ **保利中央公馆 A2 户型示范单位** 广州市韦格斯杨设计有限公司 区伟勤

046 ╲ **浪漫法式优雅** 台北拾雅客空间设计 许炜杰

050 ╲ **法式大宅** 卡莫空间设计 周宝国

056 ╲ **法式现代情怀** 台北嶸特设计 刘上宁、王绍羽

058 ╲ **万科惠斯勒小镇 A2 户型别墅样板房** 北京达特思设计公司 翁伟锴

064 ╲ **龙湖滟澜山** 尚层装饰（北京）有限公司 崔静

068 ╲ **桃园长春路叶公馆** 彦霖室内装修设计工程有限公司 宋国征

074 ╲ **江门上城铂雍汇别墅 E1 户型** J2-STUDIO/ 厚华顾问设计有限公司

078 ╲ **典雅的法式风格** 汕头市金中天装饰设计有限公司 郑昊东、蔡序文

082 ╲ **凤凰庄园** 汕头市雅轩设计有限公司 徐和顺

086 ╲ **海伦皇宫** 汕头市雅轩设计有限公司 徐和顺

090 ╲ **禧园 5A301 样板房** 深圳市点石亚洲装饰设计有限公司 陈广斌

092 ╲ **爱涛漪水园** 东易日盛南昌分公司 陈熠

096 ＼ **白鹭湖别墅**　天工堡设计师事务所　卓正华

100 ＼ **托斯卡纳海岸**　杨大明设计顾问事务所　杨大明

104 ＼ **潮白河孔雀城叠堡别墅**　北京达特思设计公司　翁伟锴

110 ＼ **住交会法式样板房**　福州佐泽装饰工程有限公司　杨竑杰

114 ＼ **歌剧魅影**　鸿扬集团陈志斌设计事务所　陈志斌

118 ＼ **建邦原香溪谷**　济南成象设计有限公司　岳蒙

122 ＼ **建邦原香溪谷 B 户型**　济南成象设计有限公司　岳蒙

126 ＼ **金地国际**　十杰装饰　王高丰

130 ＼ **金地圣爱米伦**　武汉是品陈列有限公司和武汉刘威室内设计有限公司　刘威

134 ＼ **金阳新园**　汕头市丽景装饰设计有限公司　李伟光

140 ＼ **罗马印象**　汕头市雅轩设计有限公司　徐和顺

144 ＼ **名都 18 楼 3 层 1 户型　怀旧巴黎**　J2-STUDIO/ 厚华顾问设计有限公司

148 ＼ **南昌紫金城**　缤丽空间设计机构

152 ＼ **山语间别墅**　重庆狂澜室内设计事务所　辛良成

158 ＼ **相融**　福建国广一叶建筑装饰设计工程有限公司　谢颖雄

162 ＼ **新中源明珠别墅样板房**　J2-STUDIO/ 厚华顾问设计有限公司　肖卉、苏挚邦

168 ＼ **星河淡水别墅**　深圳市六派环境艺术设计有限公司　雷淦、文天赐、周杰

172 ＼ **颐慧佳园样板房**　圳銮想向（北京）装饰艺术设计有限公司　向东姝

176 ＼ **中海华庭**　北京建极峰上大宅装饰西安分公司　王永

180 ＼ **中山万科·朗润园 2-S-1 样板房**　戴维斯国际设计顾问有限公司

184 ＼ **五云山定制庄园别墅**　深圳市嘉道设计有限公司　老鬼

188 ＼ **中庚国际华府**　朱子璇

项目面积 /260 平方米　项目地点 / 四川成都

成都水榭山　法式情怀

本案以现代法式为设计风格，营造一种简约、清爽的氛围，将浪漫的气息隐藏于空间里，让人在动静之间观其色，感其形。设计在风格上追求华丽、高雅，典雅中透着高贵，简化的造型和现代型材又显出几分平易近人，让人觉得放松。

公共空间以经典花纹的壁纸和金属条勾勒墙面形态，加上建筑线条的装饰，呼应了庄重优雅的家具和典雅的吊灯，将开放式空间的大气、华丽尽显无遗。

为了体现舒适自由的功能性，卧室的家具都以木质为主，门和窗以白色为主，镜框、画框则饰以黑框或白框，使整个居室看起来高贵、华丽而温馨，同时体现出业主高雅的生活品位。

项目面积 /124 平方米　项目地点 / 广东深圳　主要材料 / 大花白云石、法国灰云石、扪皮、壁纸、金属陶瓷锦砖

深圳龙岗坪山新区
大东城二期样板房

本案以"法式薰衣草"为设计主题，旨在打造一个浪漫、空灵的梦幻居所，让人能感受到远隔重洋的法国情调。

薰衣草的色彩是空间的亮点所在，在白色为主调的空间里，点缀上梦幻紫、清澈蓝，加上典型的法式家具，空间顿时洋溢出一股浪漫的气息；而壁纸上和布艺上的花形图案，水晶吊灯的造型，以及陈设上的花形雕饰，都为空间平添了几分清新浪漫。在材料的选择上，设计师以色彩素雅的云石、壁纸，为空间奠定温情的基调，再加上软包和白色家具的装点，整体空间顿时显得柔和起来，而紫色和蓝色作为最主要的跳色，适当地运用更是使空间透出几许轻灵、飘逸的气质，让人仿佛看到大片的薰衣草田，心生向往。

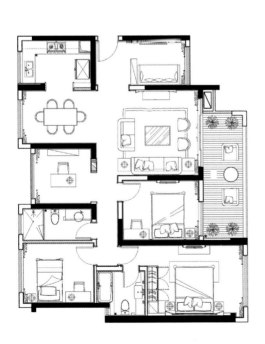

项目地点 / 台湾

维多利亚
——远雄埃菲尔样板房

设计师将维多利亚时期法国的代表画家詹姆斯·雅克·约瑟夫·蒂索绘画作品中的元素转化为室内空间氛围的演绎，繁复柔美的线条、浮现的金银色光辉效果，与在白底上慢慢加入的深色色调一起，增添了空间的层次感，画面中的细腻唯美，营造出雍容华贵的气息与细致美感。

每一个功能区域都以詹姆斯的作品作为空间的主题故事，融入白色或深色的家具、帘幔等装饰物，塑造细腻唯美的画面；延伸于空间的动线铺陈、灯光的温度及色调氛围，凝聚了空间的情调。同时，设计师也很注重材质搭配产生的装点效果，金银箔画框、镜面、水晶、石材等元素，皆具独特的色泽与纹理，为空间营造出丰富的层次感，设计师将画面色彩转化为设计语汇，为生活增添更多的乐趣。

项目面积 /234 平方米　项目地点 / 台湾　主要材料 / 皮革、造型线板、石材、镜子、画框、木皮、特殊壁纸

中悦维也纳

本案以法式古典风格为设计思路，充分展现出欧式文化和法式贵族情趣，让异国情调充斥整个空间，带给人新奇而独特的体验。

入口处，设计师利用白色的空间，衬托出金色的贵气，开启法式古典尊贵的序幕。进入室内，空间以奢华的欧洲宫廷古典风格为主，繁复的线条、象征贵气的图饰，结合皮革、大理石及造型线板，加上灯光的色调氛围，丰富了空间情调。

不同的功能空间被注入了不同的色彩，设计师简化了繁复的线条，运用充满张力的色调，保留了法式古典元素，以浅色为空间底色，衬托出整体空间的浪漫质感，呈现静谧而优雅的贵族气息。设计师以细腻的手法、多层次的表现，使整体空间如同欧式皇宫般富丽堂皇，体现出空间的尊贵气质。

项目面积/137.3 平方米　项目地点/浙江宁波　主要材料/白色喷漆、表布、柚木

宁波镇海维科法式样板房

整体的白色镶金色系门框、窗户、桌子和浅粉绿色的墙面调配出迷人的法式情调，素雅的碎花椅面、白色器皿、低彩度的空间线条结合地面的几何图形，赋予空间优雅而浪漫的法兰西女性气质。法式风格讲究将空间点缀在自然环境中，在设计上追求心灵的归属感，给人一种扑面而来的清新感。在本案的设计中，设计师以开放式的空间结构、花卉和绿色植物、雕刻精细的家具，在整体上营造出一种尊贵、浪漫气息。让人身处任何一个角落，都能体会到悠然自得的生活态度和阳光般明媚的心情。

项目地点 / 江苏无锡

无锡九龙仓法式新古典

本案定义为法式新古典，既有新古典的典雅别致，又有法式的浪漫温馨，带给人清新自在的感受，充分体现出家中应有的舒适。

客厅和餐厅给人沉稳内敛的感觉，到位的细节处理让人忽略掉周遭的一切。女孩房和男孩房充分满足儿童个性的追求，女孩房用充满梦幻色彩的粉色调，与轻纱、碎花布艺等打造出一个童话中的宫殿；男孩房用条纹壁纸和灰蓝色，将小男子汉的气质尽显无遗。老人房选用卡其色壁纸与深灰色的床品，营造出一份祥和宁静，气氛舒缓而温馨。主卧则用实木打造的墙板与原木地板创造出朴实自然的感觉，银灰色与紫色的运用显示出空间优雅的格调。休闲室里的浅蓝与米色，流露出浪漫清新的气息，给家人互动提供了一个相对柔和的空间，为家庭生活增添了乐趣。

项目面积 /300 平方米　项目地点 / 山东济南　主要材料 / 浮雕面实木地板、壁纸、文化石、红洞石、古铜斑木饰面、米黄大理石

济南中海 TH250 户型别墅

本案名为"魅色卡门"，独特的色彩切分是本案鲜明的特征，亦如探戈舞曲般节奏明快、热烈狂放且变化无穷。

法式风格的基调配以墙壁上线条突出的石膏浮雕，黑、白两色大理石地面及红色地毯的色彩拼接，将所有激烈的感情碰撞在一起，交织出爱恨情仇。大理石拼花地板映衬着浴室中的陶瓷锦砖拼花墙面，再配上黑胡桃木框镜子，犹如歌剧中的咏叹调，华丽无限。吧台区配以高凳，交错的凳腿犹如舞者的勾腿盘绕，使整个空间静中有动。沙发、茶几等家具的线条较为柔和，黑白相间的豹纹及黑色蕾丝的运用让空间透出丝丝性感，显得神秘、高贵且时尚。在这里，可以感受色彩，聆听乐章，体会情感，享受舞动的人生……

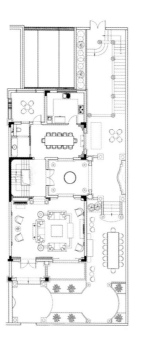

项目地点 / 浙江义乌

义乌金色海岸 3 号楼

打开家门，让人心动、陶醉；深深呼吸，透过入口半开放的推拉门，就能窥见其惊艳动人之貌。意式瓷砖沿客厅和入户花园的主墙面环绕铺设，形象地连接了两个空间，让生冷的墙面更为灵动，同时表达出奢华与纯朴的和谐统一，色彩柔和却突显出摩登韵味。入户花园有着精巧而极具层次感的顶棚吊顶，LED灯管隐藏其中，开启灯管，幽蓝一片，灯光反射于光洁材质的顶棚、墙面，似繁星点点，如梦如幻。

进入家中，处处可见天然木材的身影，深深浅浅、微妙柔和地变幻。无论是装饰还是家具，都拥有天然的花纹和生动的灵魂，简易花纹的时尚壁纸和跃动空间的小小配饰，共同体现了住所的品质与动感，它们将意式家居的摩登意味和生活的原味糅合在一起，让人意乱情迷。

项目地点 / 湖北武汉　主要材料 / (雅士白、银鼎灰、香格里拉) 大理石、橡木木地板、橡木饰面、进口壁纸、镜面、布艺

保利中央公馆 A2 户型
示范单位

设计以蓝色作为主色调，奶白色、象牙白家具与蓝色布艺搭配，加上镜面饰柜的衬托，在布局上突出对称的轴线，突显出经典的法式住宅布局。高贵舒适的居住空间带给人舒适的生活体验。

餐厅墙面选取白色木饰线搭配镜饰面，米白色的餐桌椅搭蓝色刺绣布艺，配上弧形曲度的餐椅扶手和椅腿，整个餐厅显得优雅矜贵，在卷草纹窗帘、水晶吊灯、落地灯、瓶插百合花的映衬下，浪漫清新之感扑面而来。

主人房采用白色石材搭配大花纹的壁纸，并以法式的对称造型作为装饰，直线造型、金属饰面和局部细节的处理，使整个空间的视觉重点渐渐成形。原本不对称的顶棚被改造成方正对称的形式，精致的雕花饰线配上华丽的水晶吊灯，柔和的灯光营造出安静温馨的气氛，突显贵族气质。置身其中，业主的身心得以放松。

项目面积 /188 平方米　项目地点 / 台湾　主要材料 / 线板、喷砂玻璃、实木柚木地板、镜面

浪漫法式优雅

长年旅居国外的业主特别喜爱法国的浪漫优雅，设计师将业主喜爱的花艺、自然元素串连起来，营造出一个浪漫休闲的法式住宅。

展翅的蝴蝶飞舞在半透明的喷砂隔屏上，这成为入室的第一视景。进入室内净白的空间，宝蓝色及橘红色沙发是实木柚木地板的调色剂，繁复的线板设计营造出空间的古典情怀，浮刻于墙面及顶棚的造型线板则让唯美氛围盈满室内。经过客厅窗边，逐花的蝴蝶飞过与廊道共构的书房顶棚及镜面墙，最后停歇于主卧室的喷砂墙面上，一切归于沉静。

设计师利用电视柜、餐具柜及吧台，搭配灯光设计了一个精品展示柜，陈列业主旅行于世界各地时收获的藏品，展示柜更烘托出珍藏品的价值不菲。设计师用大量镜面点缀在室内，削弱繁复线条空间产生的繁重感，打造出现代、时尚的法式悠闲居家。

项目面积 /726 平方米　项目地点 / 台湾
主要材料 / 樱桃木、南方松实木、柚木、米黄石、黑金石、黑云石、银狐石、进口瓷砖、锻铁花、板岩、洗石子、金箔、银箔、喷漆、LED 灯

法式大宅

本案从建筑到室内设计完全实现了业主心中的设想，各种材质及装饰品的混搭巧思，都显示出个人专属的特色。

设计师以法式风格为主调，在设计中简化了线条，墙面多以壁纸和线板来装饰搭配，庭院则以休闲式的南洋风格来设计，为住宅增添了生活情趣。

客厅中，电视背景墙运用樱桃红大理石做出壁炉的造型，配上进口家具，颇有法式古典的气质。待客区采用开放式设计，利用家具、摆饰及地面上的大理石拼花造型划分空间。梯厅的大理石采用水刀切割，搭配圆弧造型的顶棚设计和水晶吊灯，不但与过道顶棚区隔开来，还突显出细腻的法式古典韵味。天井串联三个楼层，这样既能保持室内外空气的流通，又引入了室外的美丽景致，还增强了室内的采光，同时弱化了过道过于狭长的视觉效果。

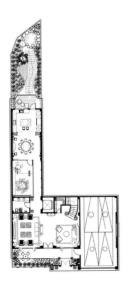

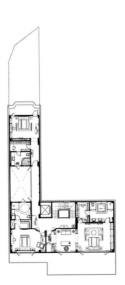

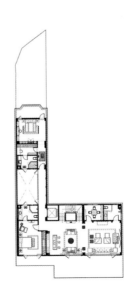

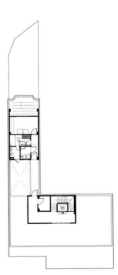

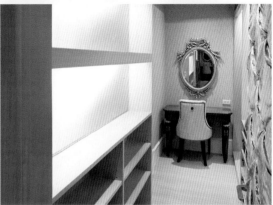

项目面积 /125 平方米　项目地点 / 台湾　主要材料 / 白烤漆、美耐板、线板、烤漆雕花玻璃

法式现代情怀

本案以女性特有的细腻思维为设计主题。首先以多层次与互相借景的方式布置空间，再依据业主的需求铺放空间软件，创造真实的空间生活体验。所有材料均以延续性的发展及一定的比例架构，创造一致的肌理，让空间具有完整性和统一性。

设计师期望透过整合环境氛围及气势的设计，为业主带来更合谐的美好体验。借由法式的精致典雅和现代的时尚简约，营造出婉约而古典的韵味，白色主调中辅以黑色、紫色、红色，纯粹、鲜明的色彩与精巧的家具组合在一起，创造醒目而清爽的独特视觉感受，让人耳目一新，倍感舒适。

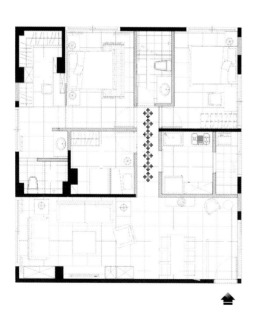

项目面积 /360 平方米　项目地点 / 辽宁沈阳　主要材料 / 天然大理石、仿古瓷砖、混油木饰面、拼花木地板

万科惠斯勒小镇
A2 户型别墅样板房

本案以度假休闲为设计主旨，结合建筑的整体风格特点，以法式乡村风格为主题，并结合法国南部与西班牙室内设计天然粗犷的特点，运用色彩鲜明的材质，强调空间顺序的完整性和连续性。设计师将门廊、门厅、客厅、餐厅、庭院等一系列空间有机组织和合理安排起来，表现出一种休闲雅致的高贵感和奢华感。设计师以各个空间的相对独立与秩序为特色，对各主要功能空间进行合理的布局，避免了空间过于空旷。同时通过处理，增强了空间的通透性，更强化了室内的整体功能格局。

项目面积 /380 平方米　　项目地点 /北京　　主要材料 /瓷砖、壁纸、布艺、地毯

龙湖滟澜山

法式田园风格家居芬芳、妩媚、闲适，处处弥漫着悠闲、安适、馥郁的生活气息，为平静的生活带来无限乐趣。本案是龙湖滟澜山别墅区一套经典 3 层户型。原户型设计较为合理，因此设计师没有进行过多的拆改，只是利用配饰改变了一成不变的传统写意风格，并充分利用碎花元素与色彩的渲染力度，展现出一种别具优雅感受的家居风格。

在灯光的处理方面，设计师采用了吊灯与壁灯组合的手法，使得原本色调偏重的餐厅环境在灯光的照耀下既温馨又浪漫。与座椅图案一致的窗帘不仅装饰了墙面，增加了质感，轻纱薄幔更是很好地将窗外景致与室内空间衔接起来，让人充分感受到家的温馨氛围和空间的时尚魅力。

桃园长春路叶公馆

本案以意大利风格为设计主线，在典雅的意式情怀中重现宫廷般的奢华氛围和精致情调，在满足视觉享受的同时，也满足了人们对舒适性和功能性的追求。

整体空间以米色、白色、银灰色为主，黑色与金色点缀其间，营造出典雅的氛围，金色镶边与精致雕花则为空间增添了华丽气质，让空间不乏细节之美，奢华中不失亲和度。客厅里精致的金色镶边的沙发和茶几书写着精致典雅，顶棚也做了细致的处理，在水晶吊灯的映衬下显得素雅宁静。空间里唯一的繁杂色彩来自于墙上的壁画，精美且气势宏大，颇具大家风范。

卧室的设计去除了公共空间的奢华与精致，从细节上体现情调。素雅的色调与实木家具相结合，搭配简约的设计，静谧而舒适，让人沉醉。

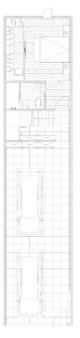

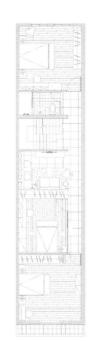
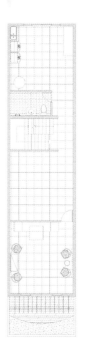

项目面积 /420 平方米　项目地点 /广东江门　主要材料 /（爵士白、黑白根、新古堡灰）大理石、陶瓷锦砖、夹丝玻璃、皮革软包

江门上城铂雍汇别墅
E1 户型

在本案中，设计师以经典与前卫的手法传达空间的活力与超时代感，突破了传统的法式风格带给人们的印象。空间主要以白色配以黑色进行巧妙的搭配，并以独特的材料赋予空间别样的质感，渲染出一个独特的高品质空间。

凭借着空间的层高优势，设计师以各种石材与白色调营造出优雅大气的空间基调，加之白色幻彩、银色光面陶瓷锦砖和布艺、软包等富有质感的材料的烘托和映衬，传递出材质独有的语言和情绪，打造出一种引人注目又干净利落、沉稳的法式风格。或浪漫、或优雅、或婉约……一切尽在不言中。

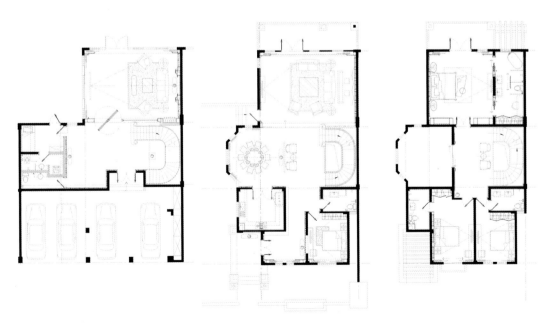

项目面积 /318 平方米　项目地点 /广东汕头　主要材料 /雪花白石板、木纹石板、壁纸

典雅的法式风格

这是一个法式风格的生活空间，诠释着一种享乐的生活态度，注重现代化与人性化的原则，并在舒适的基础上赋予居室多重功能。

本案的功能布局不同于以往的设计，客厅位于入口处，餐厅位于端头，与开阔的观景阳台里外呼应，展现出一种明朗、大气的局面，加之白色主调营造出的素雅、别致，整个空间隐隐流露出几分法式的浪漫与美好。

一个美好的空间，并非极尽奢华地填补各个角落，而是让空间回归本我，让人身处其中便能享受到生活的乐趣，这才是真正的美好。本案所要展示的家，是一个能让心灵回归的空间。

项目面积 /146 平方米　项目地点 /广东汕头　主要材料 /法国金花大理石板、柏丽金石板、壁纸

凤凰庄园

2005 年，荷兰设计师托德·布歇尔将传说中的梦幻浪漫场景引入高级时装界，他妙笔生花，设计出大量的森林藤蔓、幻彩花卉、蝴蝶……引发了全世界新一轮浪漫奢侈风潮的流行。本案从中获取灵感，希望掀起一场家具的金色新时尚，使之成为一切华贵幽雅场所的绝配。

本案中的家具采用特殊工艺漆面，创造出特别的木纹肌理的华贵底色，大量使用弧线和高贵的藤蔓花草图案，并将花卉元素延伸到卧室、餐厅中。让雍容华贵、典雅精致充斥整个空间，书写出金色家具新时尚，同时突显出业主的生活品位和格调。

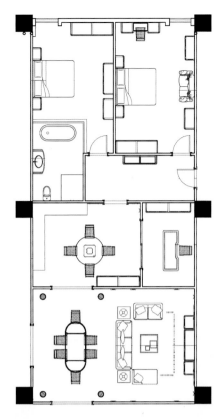

项目面积 /167 平方米　项目地点 /广东汕头　主要材料 /金属地砖、墙砖、木地板、壁纸

海伦皇宫

海伦是欧洲古代美丽的女子，传说中的木马屠城因她而起。

海伦皇宫，是专为女性设计的精美家居，里面的家具有着如珍珠一般洁白无瑕的主色调，手艺高超的工匠在每一件家具上都画上黑色的花饰，再用特殊工艺的漆层保护，白色的雕刻花朵和镭金的连接工艺件等有着大量的细节设计，充溢在空间中的异国风情让你相信它并非只存在于隔世，这些精品今生就将为你所拥有。海伦皇宫系列永恒的主题色是黑、白、金，突显油画般的气质，让人想起了意大利的文艺复兴，充满了能量与激情，集古典与时尚于一体。这些向范思哲、阿玛尼等意大利设计大师致敬的作品，为居室再添华美，让生活更加美好。

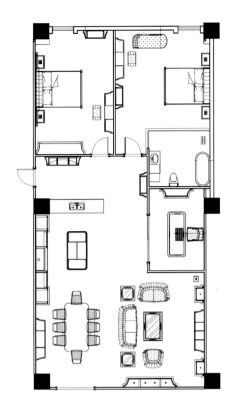

项目面积 /164 平方米　项目地点 /广东深圳

禧园 5A 301 样板房

本案为五室两厅二卫、带入户花园的户型，层高6 米的大阳台、落地大凸窗、跃式错层结构，空间层次丰富。

在结构的处理上，设计师将阳台内凹的部分改建为开敞式的书房，增加了室内的使用功能，主人房设计为套房，其他房间基本维持原有功能布局。在风格定位上，以法式浪漫主义为主线，同时注重文化品位及内涵的体现。在选材方面，公共空间的地面采用米黄大理石铺设，搭配欧式线框和精致的墙面，点缀以华贵的水晶和古典高贵的家具，在灯光的渲染下营造出温馨的氛围。华丽的壁纸和手工绘制的艺术油画，构建出一个经典的法式浪漫之家。

项目地点 /江苏南京

爱涛漪水园

本案是作为业主的婚房来设计的，按照业主的喜好与追求，以经典的法式风格来展现空间的特色 ——浪漫、典雅，既符合新婚夫妇对于浪漫生活的追求，又充分体现了业主的品位。

在空间格局和功能布局方面，设计充分体现了现代感和时尚感。简洁的线条与开阔的空间设置将层高的优势体现无遗，简洁的浮雕在纯白的顶棚上书写着优雅，精美华丽的吊灯则呼应着地面上造型精致、典雅的家具，空间上下连为一体。在家具配饰方面，极尽古典、华丽，法式古典花纹与雕花的运用，加之深色木和金、铜等金属的搭配，尽显空间的高贵气质。色彩方面以白色、深木色为主，辅以古铜、金等金属色，展露出空间的沉稳、大气。所有元素结合在一起，便成就了一个梦想之所，也成就了一世美好的姻缘。

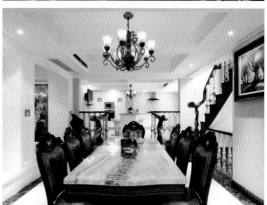

项目面积 /435 平方米　项目地点 /广东惠州　主要材料 /石膏板、大理石、金镜、玻璃、夹板、地毯

白鹭湖别墅

摩 卡咖啡是由多种原料调配而成的咖啡，融合性的特征让摩卡咖啡别具风味，就如同该案所要表现的一样，不止单一的一面，而是丰富多彩 —— 空间中处处洋溢着浓厚的优雅与尊贵，让人领略不一样的别墅生活。

本案内部空间的立面处理得干净、大气，无论是大理石背景墙的处理，还是淡雅的壁纸，或是大理石拼花地板，都让人觉得一切是那么的协调。风格独特的家具、布艺和家居装饰品，创造了二次空间，更丰富了空间的表情。如果说该案的硬装是首动人的旋律，那么契合到位的空间陈设就是优美的歌词，它们共同谱写了一曲令人动容的别墅生活之歌……

项目面积 /280 平方米　项目地点 /湖南长沙　主要材料 /银镜、罗马洞石、壁纸、银箔、地毯

托斯卡纳海岸

本案为七室三厅四卫结构，一楼休闲厅挑空设计，客厅与餐厅左右分布，中空的结构为室内提供采光。

别墅的地下一层为开放式的活动室，业主将它设置为多功能视听室，除了满足影音方面的需求，还适合品茗、聚会。首层按照正常的布局，有客厅、餐厅、厨房和一个中空的休闲娱乐厅；二层以中空的梯井为中心，布置功能齐全的主卧和女孩房；三层是男孩房和一个客房。

本案采用托斯卡纳经典城市边缘住宅（Townhouse）户型，依坡而建，四周绿意盎然。文艺复兴风格极其贴合托斯卡纳的主题，拱券贴切地描绘了新古典空间的神韵。轻亮柔和的家具，渐变的壁纸，典雅、理性的形式，衍生出一幅文艺的画卷，让人仿佛感受到托斯卡纳的四月天，见到了海岸和阳光。

项目面积 /320 平方米　项目地点 /北京　主要材料 /天然大理石、手扫漆木饰面、金箔线条

潮白河孔雀城叠堡别墅

本案以法式新古典为主题，以简洁明快的设计风格为主调，将古典与现代相结合，在总体布局方面尽量满足业主生活上的需求。设计以手扫漆木饰面为主要装饰材料，以金箔线条做装饰，以各种雕花线条点缀墙面，让空间尽显贵气。

打开大门，入口的雕花墙让人眼前一亮，与客厅里稳重大气的壁炉一起，突显出空间的大方、优雅。线条的衬托使整个空间温馨明快，又不失浪漫情调。顶棚没有过于复杂的造型，简洁又大方。

新古典的装修风格摒弃了简约的呆板和单调，也没有古典风格的烦琐和严肃，让人感觉庄重而恬静。适度的装饰也使家居空间不乏活泼的气息，使人得到精神和身体上的放松。设计紧跟时尚的步伐，带来混搭的乐趣！

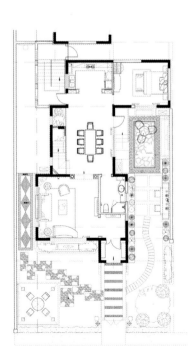

项目面积 /120 平方米　项目地点 /福建福州　主要材料 /仿古砖、壁纸

住交会法式样板房

这个 120 平方米的空间，是设计师用轻质材料搭建的样板房。以法式田园风格为主，设计上追求心灵的自然回归感，给人一种扑面而来的浓郁欧式气息。开放式的空间结构，随处可见的花卉，雕刻精细的欧式家具，各种花色的优雅布艺、壁纸……所有的一切从整体上营造出一种介于田园的清新和贵族宅邸的豪华之间的氛围。

不论是入口的壁炉，还是床品上娇艳的花朵图案，亦或是儿童房里弹琴的少女画像，在任何一个角落都能体会到业主宁静、悠然自得的生活态度和阳光般明媚的心情。

项目面积 /360 平方米　项目地点 /湖南长沙　主要材料 /卡布奇诺石材、银镜、银箔、壁纸、黑檀木地板

歌剧魅影

俯瞰中央，满眼繁华——这是空中复式别墅大宅，以浪漫瑰丽的法国文化为灵感，构建经典歌剧中的华丽生活。

从圆拱门厅开始，浪漫华丽的生活序幕徐徐展开，唯美又不脱离功能性——鞋房和储物间就藏在圆拱门厅之后。一道旋梯宛如玉带，连接上下空间，把视线引向高处，全铜扶手就似那巴黎歌剧的五线谱，巴洛克花纹就是浪漫的音符。放眼望去，6 米高的大厅里，主题拱券连接着休闲阳台，风景在此处一览无余。经过设计的巴洛克图案唯美、雄浑，强化了背景墙面。顶棚的造型也设计成巴洛克风格，客厅与主卧保持呼应，局部采用了皮质和绒布软包家具，柔化了空间，带来家的温馨感，同时辅以镜面，打破了空间面积过大的沉闷感。

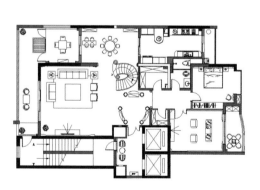

项目面积 /240 平方米　　项目地点 /山东济南　　主要材料 /大理石、壁纸、木地板、工艺漆

建邦原香溪谷

本案属于建邦原香溪谷纯正意大利托斯卡纳风格精品别墅区样板间，精致奢华的复式别墅，方正的庭院，完美的结构，很好地诠释出托斯卡纳风格。设计师将其定位为托斯卡纳奢华热烈的风格。在并不太宽裕的空间里，充分尊重原有建筑结构的空间关系，以及窗与窗之间、窗与庭院之间的对景关系。首先让热情的阳光和充满生机的植物为空间打底，然后对首层空间进行细化分区：中餐区、酒吧区、中厨和西厨区，以及小小的酒窖区，同时强调大大的拱形造型，弱化空间的区域感，将功能性与开阔性完美地结合在一起。二层是卧室区，设计师分割出独立的功能区，并将生活动线一一细化，让最基本的生活诉求得到最完美的解决。

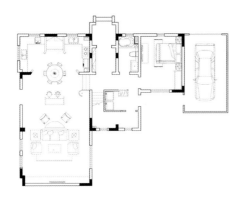

项目面积 /400 平方米　项目地址 /山东济南　主要材料 /大理石、壁纸、木地板、工艺漆

建邦原香溪谷 B 户型

提起托斯卡纳，会让人想起沐浴在阳光里的山坡、农庄，以及朴实富足的田园生活。本案的设计就是以托斯卡纳风格为主，从入户门走进室内，首先映入眼帘的是标志性的拱门，优美的造型张扬着意大利的建筑风格之美，与沉稳又不失艳丽的色彩结合得恰到好处。餐厅与西厨区遥相呼应，以圆形餐桌迎合中国人的传统习惯。穿过高大的拱形门，高大的壁炉和传统的意式家具及精美的饰品摆设，于质朴中彰显大气、华贵，体现出主人的生活品位。紧挨着客厅的是相对私密的起居室与影音室，影音室设有吧台，业主可以与老友在此品尝浓郁甘醇的红酒，或者下几局象棋，感悟棋局与人生。主卧室里别致的坡屋顶迎合了托斯卡纳传统质朴的形式，不失华贵与温馨。

这里就是托斯卡纳，城市中的田园。来到这里，就会爱上这里、留恋这里！

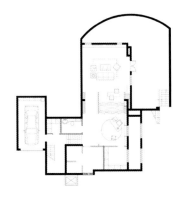

项目面积／180平方米　　项目地点／浙江宁波　　主要材料／大理石、壁纸、乳胶漆、软包、复古地板

金地国际

凡尔赛应该是所有崇尚高贵艳丽的人所向往的地方。在那个浮华的时代里，无论男女都可以将自己打扮得奢华富贵，或漫步于初阳的庭院，或在午后的茶会说笑……

本案以"梦回凡尔赛"为设计主题，设计定位为后现代法式风格，华丽的水晶灯、惊艳的软包、花式壁纸、宫殿式家具无不体现了浪漫、奢华的法式风情。推开主卧室门，藻井式的吊顶、卡其色花式壁纸及艺术复古地板，搭配具有现代影音设备的欧式立柱大床，和谐而且尊贵，让人惊叹设计师的大胆与创造力。

设计很好地诠释了后现代主义所提倡的多样化和多元化。设计师把传统的构件组合在新的情景之中，让后现代主义在本案中华丽复兴。

项目面积 /206 平方米　项目地点 /湖北武汉　主要材料 /法国米黄石材、真石砖、作旧墙板

金地圣爱米伦

圣爱米伦的设计理念源于纯粹的法兰西风情，设计主题为"景观，不远观"，以"城市中心，别院生活"为亮点，倡导一种"庭院深深"的居家理念。小区整体为轴线式布局，自然式的水景结合茂密的植被，整片绿植宛若一条巨大无比的绿色地毯。

本案以法式风格来表现，布局上突出轴线的对称和恢宏的气势，营造出高贵典雅的豪宅氛围。细节处理上运用了法式廊柱、雕花、线条等元素，精细考究。整体采用米色为主色调，局部家具搭配紫色，更显高贵华丽。餐厅秉持典型的法式风格搭配原则，餐桌和餐椅均为米色，表面带雕花，加上椅腿的弧形曲度，显得优雅矜贵，而在紫色花纹窗帘、水晶吊灯、落地灯、瓶插鲜花的搭配下，浪漫清新之气扑面而来。

項目地点 /广东潮州

金阳新园

本案是一个别墅项目，设计师以打造高品质生活环境为首要目的，让住宅不仅仅是居住的空间，更是生活中的情绪调节剂，为生活增添缤纷的色彩。在空间的布局上，餐厅与其他几个功能空间的地面做了抬升处理，这样客厅便处于一个特殊的位置，加之其上的挑空设计，更是让它成为整个空间的主角。金色的茶几辉映着整个空间的浅咖啡色，黑色的沙发镶嵌着雅致的金边，加上晶莹华美的水晶吊灯，一切看上去华丽而优雅，精美而脱俗。

整体的色调以米色搭配浅咖啡色为主，点缀金色的精美镶边，整个空间仿若宫殿，演绎着贵族式的奢华生活，同时又带着随性洒脱，让人心生向往。

項目面積 /250 平方米　　項目地点 /广东汕头　　主要材料 /柏丽金米黄石板、陶瓷锦砖、大理石、壁纸、工艺漆木地板

罗马印象

古罗马以城市建设及巴洛克的宫廷装饰闻名于世，引领时尚文明至今。罗马，展现了意大利人在生活中的灵感与创意，甚至宫殿前面的柱子也被世人以"罗马柱"来命名，这足以令每一个看到它的人感受到罗马的宫廷气势与贵族气质。

本案以"罗马印象"为主题，设计师从"罗马柱"这个经典中得到灵感，结合现代国际流行的玫瑰金与新奢华风格，将意大利最经典的元素在家具中完美呈现，传达出一份优雅的奢华。欧式的古典结合现代的时尚，奢华贵气充盈在整个室内空间中，让人深切地感受到久远岁月中存留的那份感动，感怀经典和传奇。

项目面积 /100 平方米　项目地点 /广东肇庆

名都 18 楼 3 层 1 户型
怀旧巴黎

法式风格的居家空间具有典型的贵族气质，宛如气质优雅的淑女，优雅中带着清新的气息，让人期待一场浪漫的邂逅。本案意图表现法式怀旧气息，以"怀旧巴黎"作为设计主题，将人们带到中世纪的法国巴黎，体验一场浪漫之旅。

设计师对原空间格局未做改动，只是将书房与主卧之间的墙改为推拉门，让书房的使用更灵活，加强了空间的交流与沟通。在材料的运用上，米色大理石为主要的地面铺装材料，以花纹搭配几何图案来区划功能空间；深色的木质家具搭配深咖啡色的皮质、银灰色布帘、壁纸，于软硬搭配和色彩分明中书写雅致与明朗。在色彩方面，深色木、灰色布艺和米色壁纸均属于柔和明亮色系，并以布、纱、雕花等相结合，法式的浪漫与优雅尽显无遗。

项目面积 /145 平方米　项目地点 /江西南昌　主要材料 /白漆、发光灯片、不锈钢、石材、壁纸、布艺

南昌紫金城

这 是一家三口的居住空间，为三室两厅的格局。设计师以法式风格来打造空间，将法式风格独有的细腻、雅致、清新展现无遗，居住者能充分感受到浪漫的异国风情及独有的文艺气息。

空间格局清晰、紧凑，设计师更是充分利用了每一个角落，将一家三口的生活空间布置得清晰明净，令人心境开朗。整体空间以灰色调为主旋律，以各种石材铺砌地面和墙壁，空间顿时生出几分素雅、和气。法式家具精致而不显烦琐，雍容华贵，细节部分别致清雅，与柔和舒适的布艺结合在一起，美观、实用、内涵三者合而为一，不仅满足了居住者对空间的功能需求，更满足了他们的精神追求。此外，华丽的水晶灯、精美的布帘等物品的点缀和衬托，让人身处其中便能感受到流动的浪漫和满溢的温情。

项目面积 /500 平方米　项目地点 /重庆　主要材料 /米黄洞石、无纺壁纸、仿古砖、实木地板、陶瓷锦砖、(真皮、亚麻、丝绒)面料、银箔、(汉白玉、雅士白、加州金麻、丁香米黄、黑金花、热带雨林、蓝钻、浅啡网、橙皮红)石材、黑檀木、PU 线条、质感涂料、乳胶漆等

山语间别墅

本案别墅空间布局明朗、合理，共有 4 层：第一层是接待空间，第二、三层为卧室区，地下一层为娱乐空间。整体色调丰富、饱满，层次鲜明而不繁复，突显出空间高雅奢华的一面。

别墅根据功能的不同运用了 5 种色彩基调：米黄、深棕、锈红、咖啡和深蓝。客厅、公共区域及主人套房均以洋溢着华贵酒店气质的米黄色为主调，配以全毛皮花纹地毯作为点缀，大气、华丽。客厅悬挂深棕色窗帘，高贵、庄重；地下一层的家庭影音室，以深棕色营造静谧华贵的空间氛围；客人套房选用锈红色调，传递着主人热情好客的特点；老人房选用咖啡色，深邃、宁静，适宜老人颐养天年；少年房似星空、似海洋般的深蓝，宁静不失活力，恰当地迎合了少年的喜好，也透露出从孩童到成人转变过程中的迷惘和坚定。

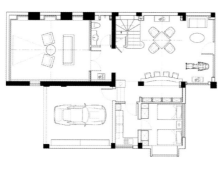

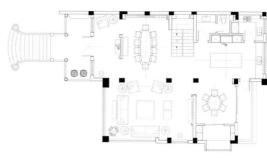

项目面积 /130 平方米　项目地点 /福建福清　主要材料 /大理石、软包、砂岩

相融

设计师根据业主追求时尚、高品质生活的特点，在整体布局和材料的运用上，巧妙地将欧式古典元素以现代的形式表现出来。

雅致的背景造型、考究的配饰、精湛的工艺，都是现代与古典融合的结晶，业主的审美情趣在优美的线条、和谐的色调中自然流露。从入口到客厅，再到餐厅，空间通畅，名贵内敛的浅色天然石料是地面的主材，与水曲柳刷白造型墙壁形成鲜明而自然的对比。纯净的米色造型框架奠定了居室的基调，设计师在装饰造型方面放弃传统欧式风格中繁复的曲线和雕花，以明快的直线勾勒出空间的清爽气质。欧式元素经过设计师的严格筛选，被恰到好处地运用在各个空间中，整个空间的格调连贯统一，又充满温馨雅致的气息。

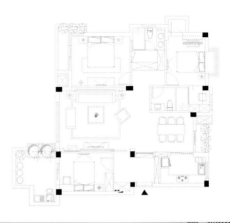

项目面积/400 平方米　项目地点/广东高要　主要材料/涂料、抛光砖、木饰面、大理石

新中源明珠别墅样板房

本案建筑采用对称造型，在布局上突出轴线的对称性，空间以明亮的白色为主色调，体现出大宅的恢宏气势和豪华舒适的居家氛围。设计师以富有贵族气质的法式风格元素来表现空间，以高贵典雅的意式家具为主线，在细节处理上运用法式廊柱、雕花、线条等形式，整个设计精细考究，又不失大气。法式风格有一个特点，就是既对建筑的整体方面有严格的把握，又在细部精雕细琢。法式风格讲究空间的自然感和心灵的回归感，要让人感受到一股扑面而来的浓郁气息。在这里，开放式的空间结构、随处可见的花卉和绿色植物、雕刻精细的家具……所有的一切都从整体上营造出一种贵族气质。

项目面积 /480 平方米   项目地点 /广东惠州   主要材料 /皇室白大理石、黑金花大理石、西班牙金大理石、银箔作旧、金茶镜、壁纸

星河淡水别墅

在这套别墅中，设计师通过精致、丰富的细节，以一种崭新的方式诠释意大利风格的美好，为整个空间带来浓郁的贵族气息。

从门口开始，强大的气场就在空间中延展。设计师打破传统的地毯铺设方式，以黑色大理石打造出金边蝙蝠图案，完美地诠释出其谐音"福"字的内涵。两张红色的座椅以温婉的姿态让空间变得含蓄起来。起居室的正厅是一个挑高两层的穹顶空间，教堂式的建筑形态带来庄重的仪式感。同时，华贵的金、热情的红、沉稳的黑等极具视觉冲击力的色彩融合于此，巨大的水晶吊灯、精致的烛台、唯美的石膏像、宫廷格调的油画的布置看似毫无规则，实则充满考究。每一个细节的处理，都为整个空间带来无限的灵性与贵气。

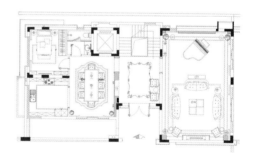

项目面积 /152 平方米　项目地点 /北京　主要材料 /进口壁纸、仿古砖、涂料

颐慧佳园样板房

本案以浪漫的法式风格为主题，旨在营造优雅、精致、浪漫的生活情调。

首先，设计师对空间做了部分改造，餐厅的部分墙体用白色嵌入式实木餐边柜代替。本案设计在硬装部分以白色作旧实木混油、仿古质感的装饰材料为主，而软装配饰则以真丝、丝绵、棉麻、流苏等装饰材料来丰满主题。在风格演绎方面，设计师提取传统法式家居装饰手法中自然、明朗、优雅的装饰元素，以绿、紫、香草色三色为装饰基准色调。无论是壁纸、羊毛地毯、真丝窗帘床品，还是仿古地砖、手工墙砖、定制的家具等，质感及用色均以保持协调一致为原则。软装硬装的统一协调，将法式的浪漫情调与优雅贵气尽情展现。

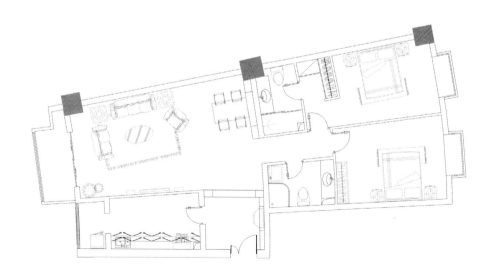

項目面積 /280 平方米　項目地点 /陝西西安　主要材料 /灰木纹石材、车边茶镜、混油护墙、微晶石地砖、地砖、防滑地砖、金箔线条

中海华庭

本案以法式风格演绎空间的豪华时尚，没有古典欧式繁杂的装饰和线条，而是使空间成为会呼吸的有机体，不但有现代简约明快的空间感和时尚感，还不乏异国风情和文化气息。

设计师首先对功能、空间进行了分割和梳理。考虑到居住空间的动静分区及动线的流畅等要求，设计师适当调整了空间的不合理之处，如改造楼梯间的位置、调整起居室空间、改造书房等，都让空间更人性化。客厅上方增加的钢构挑台，让空间更具趣味性，也为业主增加了一个休闲观景的好去处。设计中还运用了很多欧式元素，使浪漫优雅与高贵奢华并存。

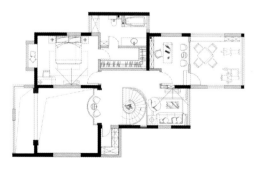

项目地点/广东中山　　主要材料/蚀刻玻璃、雕花云石、三棱镜、水晶灯饰

中山万科·朗润园
2-S-1 样板房

本案设计的灵感源于意大利现代新古典设计风格。设计师力求创造出一个兼具活力与魅力的时尚空间，通过现代设计手法与流传至今的古典元素的相互转换，表达另一种新古典的设计理念。

设计师在入户处结合意大利建筑形式做出一个景观庭院，小小的水景池与入户隔断墙互为映衬。在四周高窗和绿色植物的衬托下，庭院显得清幽而雅致，进一步将意大利建筑风格尽显无遗，让人在进入的瞬间感受到浓郁的意式风情。进入室内，则是另一番景象，素雅沉稳的米色调带给人安宁祥和的感觉，加上现代新古典的家具陈设和一些反光材料的点缀，空间呈现出晶莹璀璨的景象，既有高雅平和的美感，又不乏灵动活泼，让人感觉舒适、自在。

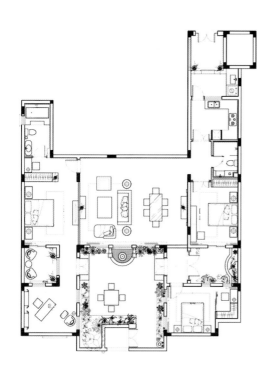

项目面积 /225 平方米　项目地点 /河南郑州　主要材料 /大理石、仿古砖、壁纸、陶瓷锦砖

五云山定制庄园别墅

山峦起伏的乡间有着如画的风景，弥漫着葡萄酒的醇香和诱人的橄榄油香。在宁静幽雅的山间与迷人的风景中，古老的传统建筑散发着其特有的艺术气息，与大自然相映成趣。

本案以托斯卡纳风格为设计主线，表现一种中世纪的质朴与厚重感。设计师用优雅的铁艺、精美的图案拼花、精致的家具和唯美的灯饰来点缀室内空间，让浪漫的异国风情悄然走进生活，让空间顿时充满优雅、浪漫的异国情怀。

华丽的壁炉、精致的铁艺栏杆、厚重的实木吊顶和素雅的壁纸装饰，营造出中世纪欧洲贵族生活的氛围，大方、稳重而尊贵，同时也表达出业主对高品质休闲生活的追求。

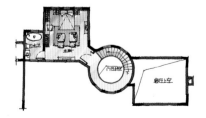

项目面积 /135 平方米　项目地点 /福建福州　主要材料 /白松防腐木、艺术壁纸、玻璃、金刚板、仿古砖

中庚国际华府

业主不仅注重家的艺术效果，同时强调生活的内在品质，他对空间的实用性与美观性都很重视。因此设计师在体现简洁风格之余，又将空间适度扩展，给人一种浓烈又真挚、高雅又含蓄的空间体验，置身其中仿佛进入现代欧洲的时尚家居之中。

黑白色调的布艺沙发是主旋律，在天然的白松木地板、条纹地毯的映衬下，将清新的、带有阳光的气息在空间中蔓延开来。这种气质被视为空间中的经典，既容纳了欧式的稳重，又焕发着时尚的活力。此外，开放式结构与软性隔断的设计手法，让视线能自由地穿梭于各个区域，有着一种大气又浪漫的气息。黑白的摄影作品则装点着空间的质地，深化着家的性情，并让整个家居空间散发出海纳百川的气节。